In 30 Minuten wissen Sie mehr!

Dieses Buch ist so konzipiert, dass Sie in kurzer Zeit prägnante und fundierte Informationen aufnehmen können. Mit Hilfe eines Leitsystems werden Sie durch das Buch geführt. Es erlaubt Ihnen, innerhalb Ihres persönlichen Zeitkontingents (von 10 bis 30 Minuten) das Wesentliche zu erfassen.

Kurze Lesezeit
In 30 Minuten können Sie das ganze Buch lesen. Wenn Sie weniger Zeit haben, lesen Sie gezielt nur die Stellen, die für Sie wichtige Informationen beinhalten.

- Alle wichtigen Informationen sind blau gedruckt.

- Schlüsselfragen mit Seitenverweisen zu Beginn eines jeden Kapitels erlauben eine schnelle Orientierung: Sie blättern direkt auf die Seite, die Ihre Wissenslücke schließt.

- *Zahlreiche Zusammenfassungen innerhalb der Kapitel erlauben das schnelle Querlesen. Sie sind blau gedruckt und zusätzlich durch ein Uhrsymbol gekennzeichnet, so dass sie leicht zu finden sind.*

- Ein Register erleichtert das Nachschlagen.

Inhalt

Vorwort

Was machen Sie eigentlich? Wie reagieren Sie professionell, wenn Ihnen diese Frage auf Tagungen oder Network-Veranstaltungen gestellt wird? Haben Sie immer die passende und treffende Antwort parat?

Oder stellen Sie sich vor: Plötzlich besteigt ein Mensch, den Sie schon lange kennenlernen wollten, den Aufzug, in dem Sie gerade fahren. Für die nächsten paar Stockwerke haben Sie Gelegenheit, sich selbst oder Ihre Idee zu präsentieren. Nun, Sie haben etwa 20 bis 30 Sekunden Zeit, dem anderen Ihr Business so zu vermitteln, dass er gerne mehr darüber wissen möchte. Aber wie kann ich mein Gegenüber in so kurzer Zeit faszinieren?

Unser Informationszeitalter wird immer schneller. Durch High-Speed Internet, E-Mail-Flut, Überschwemmung von Fernsehkanälen und anderen Multi-Media-Eindrücken werden wir in immer kürzerer Zeit mit immer mehr Informationen zugeschüttet. Wegen dieser Reizüberflutung haben wir eine gewaltige Aufgabe vor uns: Das herauszufiltern, was wir brauchen und was uns nützt. Schließlich ist die Konzentrationsfähigkeit der Menschen um einiges gesunken.

Auch die Menschen, die Ihnen einen Auftrag, einen Kontakt oder einen neuen Arbeitsplatz vermitteln sollen, haben diese Probleme. Um eine Chance in der Geschäftswelt zu bekommen, müssen Sie in Ihren

Präsentationen und Verkaufsgesprächen besonders auffallen: Nutzen Sie den **Elevator Pitch.**

Vor Jahren ist in Amerika eine neue Präsentations- und Verkaufstechnik entstanden, die den Herausforderungen der modernen Informationsgesellschaft standhält. Mit einem gut gestalteten, vorbereiteten und inszenierten Elevator Pitch bekommen Sie den nötigen Vorsprung im Kampf um Kontakte, Aufträge und Geld.

Wenn Sie jetzt meinen, eine solche Vorbereitung und Inszenierung habe nichts mehr mit ehrlichem und glaubwürdigem Verkaufen zu tun, so kann ich Ihnen nur antworten: Unser neues Wirtschaftsleben erfordert neue Methoden. Sie haben sowieso nur zwei Möglichkeiten: Entweder Ihr Gesprächspartner nimmt Ihre Visitenkarte oder nicht. Wollen Sie professionell auftreten oder nicht?

In diesem Trainingsbuch bauen Sie die Startrampe für Ihren persönlichen Quantensprung in Ihrer Unternehmenspräsentation. Der Elevator Pitch als Booster für Ihren Kompetenzvorsprung und die professionelle Performance.

Viel Spaß, Freude und Erfolg mit IHREM Elevator Pitch wünscht Ihnen

Joachim Skambraks

1. Einleitung

Stellen Sie sich einmal die Frage: Wie viel Prozent meiner Neukunden kommen aus persönlichen Kontakten oder Netzwerken? Wenn es unter 20 Prozent sind, dann können Sie entweder auf dieses Buch verzichten oder Sie müssen an dieser Relation dringend arbeiten. In Zukunft werden immer mehr Aufträge, Jobs und Informationsvorsprünge über Netzwerke und Kontakte abgewickelt und gehandelt. Darauf dürfen Sie sich einstellen.

1.1   Was ist der Elevator Pitch?

Wenn ein Unternehmer oder Existenzgründer zu einem Elevator Pitch eingeladen wird, so heißt das nicht, dass er sich auf einen neuen Szenecocktail freuen kann, der ihn in das Reich des Rausches abheben lässt. Der Elevator Pitch ist in Amerika entstanden und heißt übersetzt soviel wie „Aufzugspräsentation".

Hinter dieser Aufzugspräsentation verbirgt sich eine einprägsame Darstellung der Kurzfassung eines Businessplans, einer Geschäftsidee oder der eigenen Stärken. Diese Kurzpräsentation wird aufgrund seiner Umstände meist ohne Hilfsmittel und in freier Rede vorgetragen. Damit die Inhalte auch in den Köpfen der Gesprächspartner bleiben, dürfen im Vortrag nicht nur sachliche Zahlen und Daten aufgelistet werden. Vielmehr muss eine außergewöhnliche Darstellung durch Bilder, Vergleiche oder Beispiele erreicht werden. Bevor Sie Ihr Gegenüber lange mit dem „Wie" Ihrer Idee oder Ihres Businessplans langweilen sollten Sie von Anfang an eine Regel beherzigen: Wichtig ist das **Was** und nicht das **Wie**! Die wichtigsten Fragen sind: Was bietet das Unternehmen seinen Kunden? Was unterscheidet es von anderen?

Erst dann folgen, vorausgesetzt, Sie haben noch Zeit, Detailaussagen zu folgenden Fragen: Wie groß ist der Markt? Welches Potenzial bietet er? Wie will das Unternehmen seine Kunden gewinnen? Wie soll Geld in die Kassen kommen?

Unter Elevator Pitch Liebhabern werden zwei verschiedene Längen für die Präsentation gehandelt:

- **Der 30 Sekunden Pitch**
  Für Networking, Events, Vorstellrunden, Telefonate

- **Der drei Minuten Pitch**
  Für Konferenzpräsentationen, Einstellungsgespräche, Verkaufsmeetings und Präsentationen vor Venture Capitalists

In diesem Buch werden Sie schwerpunktmäßig am Elevator Pitch für 30 Sekunden arbeiten. Es ist in der Vorbereitung wesentlich schwieriger, in kurzer Zeit eine wirkungsvolle und sinnvolle Präsentation zu erstellen als eine längere. Sie müssen viel mehr Inhalte verdichten und zwar auf eine Art und Weise, die immer noch überzeugt. Der Schritt zu der dreiminütigen Präsentation wird Ihnen dann leichter fallen.

Ein solcher Elevator Pitch erfordert von den Präsentatoren eine Menge an Konzentration und Übung.

Deshalb dürfen sie nicht als trockene Monologe ablaufen. Die Begeisterung für eine Idee muss ansteckend sein. Schließlich wollen Sie doch die Visitenkarte und eine Chance für eine ausführliche Präsentation oder ein Gespräch bekommen – oder?

Der Elevator Pitch ist eine kurze, eindrucksvolle und prägnante Präsentation einer Geschäftsidee oder eines Angebots.

1.2 Woher kommt der Elevator Pitch?

Über die Herkunft des Elevator Pitchs gibt es zwei Geschichten. Ich finde beide gut. Schließlich beleuchten sie die beiden Kernzielgruppen, die einen Elevator Pitch am effektivsten einsetzen können.

Vertriebsleute machten eine spannende Entdeckung
In den 80er Jahren gab es in Amerika eine Reihe von aufstrebenden Vertriebsleuten, die mit ihren Chefs und Führungskräften neue Ideen, Probleme und Lösungen besprechen wollten. Sie kamen nur nicht an sie heran. Bald entdeckten sie aber, wann sie eine Chance hatten: Die Zeit, in der die Bosse den Aufzug benutzten. Sie bereiteten ihre Ideen, Aussagen und Anliegen in einer maximal 30-sekündigen Präsentation auf. Diese kurze Zeit musste effektiv genutzt werden. Sie lernten, sich besonders gut auf diese Zeitspanne vorzubereiten.

> Vertriebler mussten mit ihren Chefs Ideen und Lösungen innerhalb der Dauer einer Liftfahrt besprechen.

Unternehmensgründer brauchen Venture Capital

Ein Jahrzehnt später – wir sind in der Gründungsphase der IT- und Medienunternehmen – wird diese Präsentationsmethode von jungen Unternehmensgründern übernommen. Weil ihre Telefonate, Briefe, E-Mails an die Entscheider von Venture Capital Gesellschaften ohne Antwort blieben, hatten sie keine andere Wahl, um Ihre Finanzierungsanliegen vorzubringen: Manche sollen sogar stundenlang in den Hochhäusern der Venture Capital Gesellschaften den Fahrstuhl hoch und runter gefahren sein, bis sie einem passenden Ansprechpartner begegneten. Diese Methode bedeutete für viele Geschäftsleute den Erfolg.

> Unternehmensgründer mussten die Entscheider der Venture Capital Gesellschaften treffen.

1.3 Welche Ziele verfolgen Sie mit dem Elevator Pitch?

Ihr Elevator Pitch muss generell bestimmte Ziele verfolgen. Dazu können wir wieder einmal die gute alte „AIDA-Formel" hervorholen.

Ziele des Elevator Pitchs können sein:

A – Attention
- Aufmerksamkeit erregen
- Zielpersonen kurz ansprechen und dabei auffallen
- Aus der breiten Masse abheben

I – Interest

- Neugierde wecken, durch Bilder oder Beispiele erklären
- Spaß erzeugen, Freude an der Aufmerksamkeit wecken
- Konzentration auf das Wesentliche
- Neue Gesprächsstrategie

D – Desire

- Den Wunsch erwecken, auch etwas vom Kuchen abzubekommen
- Das Verlangen, am Nutzen teilhaben zu können
- Den Herzschlag des Gesprächspartners erhöhen

A – Action

- Austausch der Visitenkarten mit der Vereinbarung, sich zu einem weiteren Gespräch zu treffen
- Oder vielleicht schon die neue Terminvereinbarung?

Der Gesprächspartner soll in kürzester Zeit so neugierig werden, dass er ein weiteres Treffen vorschlägt.

1.4 In welchen Situationen hilft ein Elevator Pitch?

Weil unsere Geschäftswelt hektischer wird, ist der Einsatzbereich für einen Elevator Pitch gestiegen.

Nicht nur Unternehmer und Selbstständige, auch Angestellte können den Elevator Pitch gewinnbringend für Ihr Unternehmen, aber auch gerade für sich selbst einsetzen:

Unternehmer und Selbstständige:

- Veranstaltungen und Konferenzen
- Networking und Empfänge
- Elevator Pitch Wettbewerb für Gründer
- Gespräche bei der Bank um Kredite
- Gremium einer Venture Capital Gesellschaft
- Tagungen
- Messen
- Geschäftsessen, Bar, Kneipe
- Jury eines Businessplan Wettbewerbs
- Treffen von Kooperationspartnern
- Freunde, Verwandte, alte Bekannte treffen, Zufall
- Telefonakquise

Angestellte

- Initiativbewerbung am Telefon
- Bewerbungsgespräch
- Gehaltsgespräch
- Neue Ideen und Konzepte vorstellen
- Karrieremessen
- Privat neue Menschen kennenlernen
- Kollegen für Teamarbeit motivieren
- Produktbeschreibungen entwickeln
- Unternehmenspräsentation beim Kunden

Die Möglichkeiten, einen Elevator Pitch gewinnbringend einzusetzen vermehren sich laufend – auch im privaten Bereich.

Der Elevator Pitch des Elevator Pitchs

*Wie eine rote Rose auf Frauen
wirkt, so erhöhe ich den
Herzschlag von möglichen Kunden.*

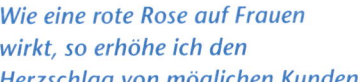

Wie mache ich das?

*Durch eine bildhafte Sprache
aktiviere ich die beiden Gehirnhälften der Zuhörer.
Wünsche und Bedürfnisse werden bei Menschen
angesprochen. Der Herzschlag steigt.*

*So erzeuge ich bei einem möglichen Kunden den
Wunsch, mehr über ein Produkt, eine Dienstleistung
oder eine Persönlichkeit zu erfahren.
Wer mich authentisch in Inhalt und Körpersprache
anwendet, hat oft nur 30 Sekunden Zeit, um einen
bleibenden Eindruck zu hinterlassen.
Ich werde in den verschiedensten Verkaufs- und
Präsentationssituationen angewendet.
Ja, es gibt sogar Wettbewerbe, in denen ich im
Mittelpunkt stehe.*

*Mein Ziel ist es schließlich, dass der Gesprächspart-
ner sagt: „Ich möchte gerne mehr über Sie erfahren.
Hier ist meine Visitenkarte.
Rufen Sie mich für eine Terminvereinbarung an."*

Wann fangen Sie an, mich aktiv einzusetzen?

2. Wir bauen die Grundlagen

Wer sind meine Zielpersonen?

Was ist das Ziel meines Elevator Pitches?

Welche Unterscheidungsmerkmale interessieren meine Kunden?

Stellen Sie sich vor: Der Vorstand eines der Unternehmen, das Sie besonders interessiert, fragt Sie auf einem Empfang: Was macht Ihr Produkt so unterscheidbar? Was kann es denn besonderes für mich tun?

Womit werden Sie beginnen?
Mit Eigenschaften und Nutzen? Mit Kostenreduzierung und Zeitersparnis? Wie groß Ihr Kundenservice ist? Die Garantielaufzeit? Wie die Idee funktioniert? Nichts davon?
Oder meinen Sie vielleicht: Ach, wenn ich in der Situation bin, dann fällt mir schon etwas Passendes ein.

Denken Sie einmal zurück: Als Sie in Situationen waren, in denen Sie gestresst waren, hatten Sie da nicht auch ab und zu einmal hinterher den Gedanken: „Ja, jetzt wüsste ich eine gute Antwort"?

Deswegen sollten Sie einen oder sogar mehrere fertige vorbereitete Elevator Pitchs haben. Lassen Sie uns zunächst etwas über Ziele reden.

2.1   Wer ist meine Zielgruppe und wer meine Zielperson?

Wie so viele andere wichtige Dinge im Wirtschaftsleben braucht auch ein guter Elevator Pitch den richtigen Umgang mit Zielen. Wie gute Ziele formuliert werden, haben Sie sicherlich schon zu vielen anderen Gelegenheiten gehört. Was davon brauchen wir für die weitere Vorbereitung?

Nun, Ziele sollen schriftlich formuliert werden, sollten messbar und überprüfbar sein. Als Basis dafür muss unbedingt feststehen, wen Sie mit Ihrem Elevator Pitch erreichen wollen. Nur wenn Sie Ihre Zielgruppe eindeutig festgelegt haben, können Sie auch Ihre Zielpersonen bestimmen und sowohl die Inhalte als auch die Inszenierung Ihrer Präsentation darauf abstimmen. Also machen Sie sich jetzt gleich an die Arbeit:

> Bitte beschreiben Sie die Zielgruppe, die Sie mit Ihrem Elevator Pitch erreichen wollen:
>
> _____
>
> _____
>
> _____
>
> _____
>
> _____
>
> _____

Haben Sie jetzt vielleicht sogar mehrere Zielgruppen gefunden und aufgeschrieben? Dann überlegen Sie sich bitte auch, ob Sie für alle den gleichen Elevator Pitch formulieren können, oder ob Sie verschiedene entwickeln müssen.

Es ist in der heutigen Zeit sicher nett, eine Zielgruppe vor Augen zu haben, aber es genügt nicht. Wenn Sie auf Kundenjagd gehen wollen, so sollten Sie nicht nur die Unternehmen kennen, die Sie ansprechen wollen, sondern auch einzelne Personen oder Entscheider benennen können. Eventuell müssen Sie einen Pitch sogar auf eine einzige Person zuschneiden. Dazu wird es notwendig sein, über diese Person so viele Informationen wie nötig zu bekommen.

Überlegen Sie sich also, wer diese Person kennt, wohin sie gerne geht, was sie gerne macht und welche Interessen sie privat und geschäftlich haben könnte. Wie können Ihnen dabei andere Netzwerke und auch das Internet helfen?

Bitte vereinbaren Sie mit sich selber die Zielpersonen, die Sie mit Ihrem Elevator Pitch ansprechen wollen:

_____

_____

_____

_____

_____

_____

_____

Wenn Sie keine bestimmte Person nennen können: Versuchen Sie doch einmal, sich in eine fiktive Person hineinzuversetzen und beschreiben Sie, welche Kriterien für Sie wichtig sein können.

Bevor Sie die Inhalte eines Elevator Pitchs festlegen, überlegen Sie, für wen er bestimmt ist. Versuchen Sie Informationen über die Zielgruppe zu bekommen.

2.2 Was ist das Ziel meines Elevator Pitchs?

Nur wer das Ziel kennt, weiß, ob er auf dem richtigen Weg ist. Ziele bestimmen, was ein Elevator Pitch enthält und wie er aufgebaut ist.

> Am Anfang eines Elevator Pitchs steht die Frage:
> „Was will ich erreichen?"

Überlegen Sie sich so konkret wie möglich, was Sie von einem bestimmten Menschen wollen und was Sie mit Ihrer Ansprache erreichen können. Wollen Sie Geld, Aufträge, Kooperationen, Präsentationstermine, Informationen, Hilfe, Kontakte oder was sonst noch?

> Bitte schreiben Sie das konkrete Ziel auf, das Sie mit dem gerade in Arbeit befindlichen Elevator Pitch verfolgen:
>
> _____
>
> _____
>
> _____
>
> _____
>
> _____
>
> _____

 Nur wenn Ihre Ziele klar sind, können Sie diese auch erreichen und überprüfen.

2.3 Was hat der Kunde davon?

Wenn Sie jetzt Ihren Kunden kennen und sich auch sicher sind, wohin die Reise gehen soll, dann können Sie sich jetzt überlegen:

- Warum soll er mir eine Chance geben?
- Was kann mein Produkt/Dienstleistung für meinen Kunden leisten?
- Was sind die Nutzenvorteile für den anderen?

Aus Sicht der Kunden gedacht, entpuppen sich einige vermeintliche Nutzenversprechen als unwichtig für den Kunden. Zu oft wird über Verfahren, Prozesse, Materialien oder Patente geredet. Oft genug werden Gesprächspartner mit technischen Details gelangweilt oder sogar verwirrt. Oft entscheidet jemand aus einer völlig fremden Abteilung über Ihr Projekt.

Was kann mein Angebot für meinen Kunden?
Was sind die Nutzenvorteile?

_____

_____

Welchen Vorteil hat meine Zielperson?

_____

_____

Die inhaltliche Ebene Ihres Elevator Pitchs sollte auch Ihre Großmutter verstehen können. Dann passt er auch für alle anderen Menschen in Ihrer Umgebung.

2.4 Und wie unterscheiden wir uns?

Nicht nur der Nutzen soll für Ihren Gesprächspartner ersichtlich werden. Besonders dann, wenn Sie Produkte oder Dienstleistungen anbieten, die leicht austauschbar sind, müssen Sie Ihrem Gesprächspartner weitere wichtige Gründe liefern, warum er gerade mit Ihnen sprechen soll. Ihre Aufgabe ist es also vornehmlich, zu möglichen vergleichbaren Wettbewerbern Merkmale aufzuzeigen, in denen Sie sich unterscheiden. Diese individuellen Unterscheidungsmerkmale werden im Englischen POD oder Point of Difference genannt. Diese Unterscheidungen können Sie zu einem Wettbewerbsvorteil umformulieren.

Wie kann ein solcher POD formuliert werden?
In der ersten Stufe dürfen Sie sich einmal fragen:

> Warum ist meine Unternehmensidee, mein Produkt oder Dienstleistung besser als die des Mitbewerbers? Schreiben Sie ruhig einige Antworten auf:
>
> _____
>
> _____
>
> _____

Die Antworten, die Sie gefunden haben, beleuchten Sie jetzt kritisch zu folgenden Fragen:
- In welchem Bereich bin ich der Erste, der Einzige, der Schnellste, der Innovativste, der Kreativste
- Wie unterscheide ich mich von bekannten Vorbildern?

Wenn Ihr Angebot nicht mit anderen verglichen werden kann, ist ein potenzieller Kunde angehalten, sich mit Ihren Unterscheidungsmerkmalen zu beschäftigen.

> **Und jetzt dürfen Sie hier Ihre Unterscheidungs-merkmale auflisten:**
>
> _____
>
> _____
>
> _____
>
> _____
>
> _____

Wenn wir Unterscheidungsmerkmale suchen, so geraten wir oft in eine Trübung unserer eigenen Wahrnehmung. Wir zählen Merkmale auf, von denen wir uns wünschen, sie wären Unterscheidungsmerkmale. Sie sind es nur nicht. Seien Sie bitte deshalb ehrlich zu sich selber. Fragen Sie sich jetzt:

- Ist mein Unterscheidungsmerkmal einzigartig?
- Welche der Unterscheidungsmerkmale sieht der Kunde als selbstverständlich an?
- Was haben andere auch? Was ist Standard?
- Welche Merkmale sind wirklich etwas besonderes?

Unterscheidungsmerkmale sind ein weiterer Grund, einen Gesprächspartner zu beeindrucken und ihm eine Möglichkeit aufzuzeigen, sich seine Wünsche zu erfüllen.

2.5   Wer ist unser Markt?

Es soll tatsächlich schon Elevator Pitchs gegeben haben, in denen gesagt wurde: „Der Markt ist riesig!" Es ist sicher sehr motivierend, wenn man meint, ein großes Marktpotenzial vor sich zu haben. Nur: Ein riesiger Markt ist auch schnell unüberschaubar. Wenn Sie neue Märkte auftun wollen, sollten Sie sich schon ganz genau überlegen, wo Sie beginnen wollen. Welche Nische ist gut dafür? Wer kann oder will kooperieren? Welche Forschungsprojekte gibt es im Markt? Wer ist der Marktführer? Welche ergänzenden Produkte können den Markteintritt erleichtern? Versuchen Sie eine realistische Einschätzung Ihres Marktpotenzials. Überlegen Sie, in welchen Bereichen eines bestehenden Marktes Sie die besten Startbedingungen haben werden.

Wenn Sie einen neuen Arbeitsplatz suchen, ist auch hier die Benennung von Zielunternehmen eine gute Grundlage, um Erfolg zu haben. Was kann helfen, über den Markt Überblick zu bekommen?

Besorgen Sie sich Zahlen und Daten über Branchen, über Wirtschaftsverbände und Unternehmen. Jede Nische hat einen übergreifenden Verband. Auch Internet und IHK's sind sichere Quellen für Informationen. Sie wissen schon auf wen oder auf welche Branche Sie gezielt losgehen wollen? Gut: Dann fangen Sie an!

Schätzen Sie Ihren Markt so genau wie möglich ein. Wählen Sie kleinere Teilmärkte aus, die am schnellsten Erfolg versprechen.

2.6 Mit welchen Pfeilspitzen kann ich meine Kunden jagen?

Ein Nutzenargument oder ein Unterscheidungsmerkmal ist wie ein Pfeil, der mit einem Bogen abgeschossen wird. Er wirkt nur nachhaltig, wenn er mit der Spitze trifft. Ein Pfeil, der mit dem Schaft aufkommt, wird in der Regel nur wenig bewirken.

Verarbeiten Sie in Ihrem Elevator Pitch also nur Botschaften, von denen Sie wissen, dass diese bei Ihrem Gesprächspartner treffen werden. Es ist wie beim Angeln: Der Köder muss dem Fisch schmecken und nicht uns selber. Also vergessen Sie bitte nochmals die Detailverliebtheit und Ihre großen technischen Erfindungen und schildern Sie Inhalte, die den anderen interessieren und die er auch versteht.

Wie Sie Ihre abgeschossenen Pfeilspitzen noch schärfen können, erfahren Sie im nächsten Kapitel.

Die Pfeile, die Sie abschießen, müssen sich
im Gedankennetzwerk Ihres Gesprächspartners
verfangen.
Diese Inhalte kann ein Elevator Pitch haben:
1. Zielpersonen
2. Nutzenargumente
3. Unterscheidungsmerkmale
4. Markteinschätzung
5. Idee, Produkt, Dienstleistung
6. Personen, Team, Bewerber
7. Ziel der Aufforderung

3. Bilder – Vergleiche – Beispiele

Ein Präsentator tritt auf die Bühne und begrüßt sein Publikum mit den Worten: „Herzlich willkommen, ich freue mich, dass Sie alle heute hier sind. Ich habe eine Menge Statistiken und Zahlen vorbereitet, die ich Ihnen vorstellen möchte. Wir sind jetzt seit sechs Jahren auf dem Markt und da hat sich vieles an Material zusammengetragen."

Sie meinen jetzt sicherlich zu Recht, dass etliche der Zuhörer die Augen verdrehten oder sogar der eine oder andere panische Blick zu erkennen war? Schauen wir einmal, was unser Präsentator jetzt unternahm: Er fuhr fort: „Liebe Anwesende, Sie wissen ja: Zahlen und Statistiken können immer unterschiedlich ausgelegt werden. Und jedes Mal bekommen wir unterschiedliche Ergebnisse. Je nachdem, was wir erreichen wollen – oder auch nicht. Jedenfalls können die gleichen Zahlen ein Unternehmen in den Ruin führen oder in die Gewinnzone. Je nachdem, wie es der Referent gerade braucht. Keine Sorge, meine Damen und Herren, die folgenden Zahlen sind von mir ermittelt und von mir ausgewertet. Sie sagen auch das aus, was ich gerne erreichen möchte." Jetzt folgte eine Abfolge von Zahlen, aber so schnell und so satirisch vorgetragen, dass alle Zuhörer immer wieder schmunzelten, ja sogar lachten. Er hatte das Publikum auf seine Seite gebracht.

Was hat dieser Referent getan? Er hat mit Bildern, Vergleichen und Beispielen gearbeitet. Er hat die Techniken des bildhaften Verkaufens angewendet. Weil diese Methoden für den Elevator Pitch so wichtig sind, werde ich Ihnen diese näher vorstellen.

3.1 Wie erhöhe ich den Herzschlag meines Gesprächspartners?

Was meinen Sie? Wann erhöht sich biologisch gesehen der Herzschlag eines Menschen? Etwa wenn er Zahlen, Daten und Fakten hört? Nein! Zahlen, Daten und Fakten sind für einen Menschen bedeutend, wenn er die Verbindung zu etwas schafft, das ihm wichtig ist. Und was Ihnen als Mensch wichtig? Sie selber. Der Herzschlag – und damit ist die emotionale Bindung an eine Information gemeint – eines Menschen wird sich erhöhen, wenn er aus Tatsachen eine Verbindung zu sich selber und die damit verbundene Wirkung und Konsequenz herstellen kann. Damit Sie einen wirkungsvollen Elevator Pitch gestalten, sollten Sie folgendes wissen:

1. Die Frage: Wie entscheiden Menschen?
2. Die vier Grundbedürfnisse des Menschen

Nicht Zahlen, Daten und Fakten bewegen die Menschen, sondern die Frage: Was bedeutet das für mich?

3.2 Was haben Menschen mit Eisbergen gemeinsam?

Ein Mann hat sich einen Satz neuer Golfschläger gekauft. Immerhin waren seine alten Schläger schon zwei Jahre alt. Und außerdem gibt es jetzt die neueste High-Tech Generation von Schlägern. Welche rationalen Gründe hatte dieser Mann für seinen Kauf?

Ein anderes Beispiel: Eine Frau kauft sich ein neues Paar Schuhe. Sie hat keine passenden mehr und deshalb braucht sie diese dringend. Mutmaßen Sie, warum sich diese Frau neue Schuhe gekauft hat.

1. Möglichkeit: Es ist kalt und regnerisch geworden. Jetzt braucht sie ein Paar wasserfeste, warme Schuhe, weil ihr letztes Paar kaputt gegangen ist.
2. Möglichkeit: Die Frau hat zu Hause genau 57 Paar Schuhe in allen Ausführungen und Farben. Aber zu dem neuen petrolfarbenen Kostüm wollen einfach nicht die dunkelgrauen oder schwarzen Pumps passen. Nein, es musste schon das petrolfarbene Paar sein.

An diesen Beispielen lässt sich sehr schön erkennen: Es gibt zwei Möglichkeiten, wie Menschen entscheiden:
• rational
• emotional

Die Frage, wie Menschen entscheiden, lässt sich mit einem Eisberg vergleichen: Ein Eisberg ragt zu etwa 1/7 aus dem Wasser heraus, die restlichen 6/7 sind unter Wasser verborgen. Wenn der aus dem Wasser herausragende Teil des Eisberges dem Kopf eines Menschen entspricht, dann entspricht der Teil unter Wasser dem Bauch. Die Verteilung der Entscheidungsgründe für einen Kauf bei uns Menschen entspricht ebenfalls dieser Aufteilung. Ein siebtel unserer Entscheidung fällen wir im Kopf aus rationalen Gründen. Den Spruch kennen Sie sicher auch: „Da musst du vernünftig sein." Den überwiegenden Anteil unserer Kaufentscheidungen treffen wir aber aus dem Gefühl heraus – im Bauch.

Hier werden Wünsche erfüllt. Deshalb haben Sie sich im ersten Teil des Buches auch intensiv mit Zielen und Vorbereitung beschäftigt. Für Ihren Elevator Pitch sollten Sie bereits vorher herausgefunden haben, welche Wünsche Sie in Ihrem Gesprächspartner wecken oder erfüllen können.

 Menschen entscheiden zu 1/7 im Kopf, also rational. Zum überwiegenden Teil handeln Menschen emotional und erfüllen sich Wünsche.

3.3 Wunscherfüllung durch die Grundbedürfnisse

Selbst Zahlen, Daten und Fakten wollen mit der Sicherheit hinterlegt werden, sich richtig entschieden zu haben. Ein neues Auto wird selten wegen seiner Sicherheit oder wegen des Benzinverbrauchs gekauft. Nein, Image und Fahrspaß sind da wichtig. Lassen Sie uns einmal von Existenzbedürfnissen wie Grundnahrung, Wasser, einer Decke um den Körper und über dem Kopf absehen. Unsere menschlichen Grundbedürfnisse lassen sich in vier Gruppen aufteilen. Im Englischen beginnen diese alle mit einem P. Hier sind die vier P's, die für alle Produkte, Dienstleistungen, Businesspläne und Arbeitsleistungen gelten:

- **Pride**
  Stolz, Image, Anerkennung, Bewunderung, Sieg
- **Profit**
  Profit, Geld, Gewinn, Wohlstand, Sparen, Zeit sparen

- **Pleasure**
  Freude, Spaß, Genuss, Vergnügen
- **Peace**
  Ruhe, Sicherheit, Zufriedenheit, Gesundheit, Entspannung

Überprüfen Sie bitte jetzt Ihr Angebot, inwiefern Sie diese vier P's abdecken können:

Pride: Wie gewinnt Ihr Kunde Stolz und Anerkennung?

_____

_____

Profit: Wie helfen Sie Ihrem Kunden zu Reichtum?

_____

_____

Pleasure: Wie vermitteln Sie Ihrem Kunden Spaß und Freude?

_____

_____

Peace: Wie geben Sie Ihren Kunden Sicherheit und Vertrauen?

_____

_____

Können Sie jetzt die formulierten Bedürfnisse in kurze knackige Argumente der Wunscherfüllung, und diese dann in Fragen umformulieren? In Ihrem Elevator Pitch müssen Sie verschiedene Ebenen der 4 P's zum Klingen bringen. Damit erhöhen Sie sich die Wahrscheinlichkeit, dass wenigstens einer der ausgeworfenen Köder schmeckt und Ihr Gesprächspartner anbeißt. Geben Sie ihm also die Vorfreude auf ein von ihm erhofftes positives Gefühl.

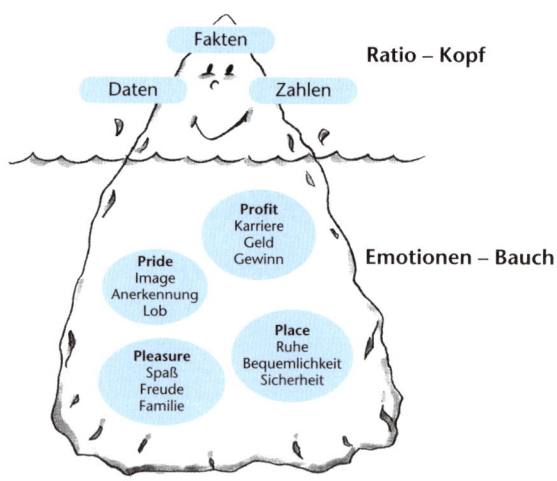

 Erfüllen Sie Ihrem Gesprächspartner die Vorfreude auf die Erfüllung seiner Wünsche, indem Sie die vier Grundbedürfnisse „Pride, Profit, Pleasure und Peace" ins Spiel bringen.

3.4 Die Grundsätze bildhaften Verkaufens

Schauen Sie sich einmal folgende Beschreibung an:
Die Implementierung von audio-visuellen Medien bei Qualifizierungsmaßnahmen ist temporär umgekehrt proportional dem Einsatz von multimedialen Projektionssystemen.

Und hier eine zweite Lösung:
Kennen Sie auch den guten alten Overheadprojektor? Heute wird er kaum noch verwendet, weil wir mehr bewegte Bilder und Geschichten mit einem Beamer zeigen können.

Welche dieser beiden Formulierungen könnten Sie sich besser merken? Eigentlich finden Sie hier die gleiche Aussage nur in etwas andere Worte verpackt. Aber warum wird Ihnen Aussage 2 eher im Kopf haften bleiben als Aussage 1?

Lassen Sie uns einen kleinen Ausflug in die Gehirnforschung machen. Kluge Wissenschaftler haben schon vor einigen Jahrzehnten herausgefunden, dass der Mensch zwei Gehirnhälften hat, eine linke und eine rechte. In jeder dieser Gehirnhälften sind verschiedene Funktionen und Verantwortlichkeiten geparkt. Die eine Gehirnhälfte ist für das digitale, rationale, analytische und logische Denken zuständig. Die andere Gehirnhälfte wird auch gerne die analoge genannt und kümmert sich um Emotionen, Kreativität, Musisches, Räumliches und Bilder. Die Kunst ist es jetzt, die beiden Gehirnhälften zusammenarbeiten zu lassen. Was die Forscher aber erst in den letzten Jahren herausgefunden haben, ist, wie die beiden Gehirnhälften zusammenarbeiten und wie wir unser Berufsleben und auch unser Privatleben durch eine effektive Zusammenarbeit beider Hälften erleichtern können. Auch ist erst vor einigen Jahren in unserem Bauch ein gehirnartiges Nervengeflecht entdeckt worden, das mit unserem Kopfhirn ständig im Kontakt steht und für unsere Bauchentscheidungen zuständig ist. Allerdings ist der Weg der Informationsgewinnung ein anderer: Im Bauch gibt es halt nur ja oder nein – also ein gutes Gefühl oder ein schlechtes. Ihre Aufgabe ist es, dem Gegenüber ein gutes Gefühl in kurzer Zeit zu geben.

Aufgabenverteilung im Gehirn:

linke Gehirnhälfte	rechte Gehirnhälfte
digital	analog
Detail und Analyse	Überblick und Synthese
Rechnen	ganzheitliches Problembewusstsein
Lesen	Körpersprache
Schreiben	Kreativität
Ratio und Logik	Intuition und Gefühl
Regeln und Gesetze	Projekte
Wissenschaft	Kunst, Musik, Tanz
Linear	non-linear
Zeit	Raum

Als Kinder haben wir diese Fähigkeit noch stark entwickelt gehabt. Durch eine Umerziehung in der Schulzeit dürfen wir uns dieses Können jetzt wieder neu aneignen. Ihr Elevator Pitch wird überzeugender und nachhaltiger, wenn Sie Ihre Informationen mit Bildern, Vergleichen und Beispielen kombinieren. Immerhin stammen 80 Prozent unseres Wissens aus Informationen, die wir über unser Auge aufgenommen haben. Dagegen haben wir leider nur 11 Prozent unseres gespeicherten Wissens durch Hören aufgenommen. Es bleiben also noch neun Prozent übrig für Geruchssinn, Tastsinn und Geschmack.

Wie behalten wir unser Wissen?
In Experimenten wurde untersucht, wovon der Erinnerungswert von Präsentationen abhängig ist: Durch Lesen allein werden nur etwa zehn Prozent der Inhalte behalten. Durch das Gehör nehmen Sie etwa 20 Prozent auf, durch Sehen behalten Sie schon 30 Prozent. Mit der Kombination von Sehen und Hören steigern Sie den Erinnerungswert schon auf deutlich über 50 Prozent. Dieser Erinnerungswert wir nur noch durch die eigene Aktivität gesteigert: Dann sind es 90 Prozent. Leider können wir mit unseren Gegenüber wenig Aktives tun. Auch Bilder haben wir in den klassischen Situationen eines Elevator Pitchs nicht dabei.

Was ist also Ihre Aufgabe? Zuerst müssen Sie versuchen, Kopfinformationen mit dem Bauch zu verknüpfen (4 P's). Jeder rationale Nutzen soll seine bildhafte Entsprechung im Bauch finden. Daraus entsteht Nachhaltigkeit und Begehrlichkeit. Dann dürfen Sie auch noch die Merkfähigkeit erhöhen, indem Sie die Sinne in Ihre Präsentation mit einbeziehen. Lassen Sie Ihre Gesprächspartner innerlich Sehen, Hören, Fühlen, Schmecken und Riechen.

 Schaffen Sie in Ihrer individuellen Verkaufsstory konsequent die Verbindung von beiden Gehirnhälften. Was bleibt im Gehirn? Das Erste, das Einzige, das Außergewöhnliche, ein Erlebnis, eine auffällige Person, eine witzige Story oder Ihr Unterscheidungsmerkmal.

3.5 Wie finde ich Bilder und Assoziationen?

Kennen Sie auch diesen schönen Spruch? Ein Bild sagt mehr als 1000 Worte.
Diese Erkenntnis ist unbedingt auch im Hinblick auf das richtig, was in unserem Gehirn vorgeht. Ein guter Elevator Pitch soll komplizierte oder komplexe Sachverhalte einfach und verständlich darstellen. Aber was tun Sie, wenn Sie gerade zufällig kein Bild zur Hand haben, um es zu zeigen?

> Nehmen Sie den Pinsel der Sprache und malen Sie ein Bild in den Kopf Ihres Gesprächspartners: Mit Wortbildern, Beispielen, Szenen, Geschichten und Vergleichen.

Wie kommen Sie zu diesen Bildern und Assoziationen?
Sie brauchen viele gute Ideen, von denen eine funktionieren kann. Lassen Sie uns einen Ausflug in die bunte Welt der Kreativitätstechniken machen.

Wie kann ich das Gehirn in einen kreativitätsfördern-den Zustand bringen?

Um Ihrem Gehirn ein Maximum an Kreativität und Ideen ab zu gewinnen, können Sie ihm helfen. Es gibt eine Reihe von Möglichkeiten, das Gehirn in einen kreativen Zustand zu versetzen. In der Psychologie wird dieser Zustand Alpha-Zustand genannt. Die Gehirn-wellen und der Herzschlag sind einer Frequenz von etwa 60 Schlägen pro Minute angeglichen. Die beiden Ge-hirnhälften sind synchronisiert und arbeiten im Team.

Welche kleinen Tricks helfen Ihnen dabei?

- Hören Sie während Ihrer Kreativitätssitzung eine Entspannungsmusik, die diesem Rhythmus ange-glichen ist.
- Schreiben Sie einige Zeilen mit der ungewohnten Hand.
- Nehmen Sie je einen Stift in beide Hände und schrei-ben Sie parallel und spiegelverkehrt.
- Balancieren Sie einen Stift abwechselnd auf den Fingerspitzen der linken und rechten Hand.
- Lernen Sie zu Jonglieren. Das ist zwar sehr schwie-rig, aber sehr effektiv und Sie trainieren gleichzeitig Ihre Feinmotorik.
- Auch ein Glas Rotwein kann dem Gehirn dazu ver-helfen, mehr Ideen zu entwickeln.
- So, und jetzt finden Sie fünf konkrete Methoden für neue Ideen.

1. Brainstorming

Mit dem guten alten Brainstorming können Sie allein oder in der Gruppe eine Vielzahl von Ideen sammeln.

Schreiben Sie den zu bearbeitenden Begriff oder die Frage auf ein Blatt Papier oder Flipchart. Sammeln Sie alle Ideen. Vorsicht: Lassen Sie keine Wertung zu. Weder Kommentare noch Wertungen über die Machbarkeit oder innere Schranken sind erlaubt. Besonders eine Gruppe benötigt den Prozess, dass neue Ideen aus anderen geboren oder weiterentwickelt werden können.

BRAINSTORMING	
Welche Bilder fallen mir zu meinem Angebot ein?	
Bild	⟶ steht für
Baum	Wachstum, Entwicklung
Segelboot	Team, Ziele, Wettkampf
Golf spielen	Erfolg, Entspannung
Delfin	Eleganz, Klugheit
Startbahn	beschleunigen, abheben fliegen, Höhenflug

2. Die Cluster Methode

Diese Methode eignet sich erst einmal für die Arbeit allein. Besonders bewährt hat sich das Clustern bei der

Gestaltung von kurzen Texten, Werbebotschaften oder Produktbeschreibungen. Schreiben Sie den Begriff, den Sie näher untersuchen wollen, in die Mitte eines Blattes. Fangen Sie nun an, den Begriff mit einem Stift zu umkreisen. Jedes Mal, wenn Sie eine Eingebung haben, eine Eigenschaft finden oder wenn Ihnen ein Gedankenblitz kommt, ziehen Sie eine Linie an den Rand und schreiben Sie den Begriff auf. Fahren Sie mit der manuellen Tätigkeit fort, auch wenn Sie einmal für einige Minuten einfach einen Blackout haben und Ihnen rein gar nichts einfallen will. Lassen Sie den inneren Erfolgsdruck los und machen Sie einfach weiter. Die Erfahrung zeigt, dass nach einer Durststrecke oft die besten Ideen und neuesten Betrachtungsweisen kommen.

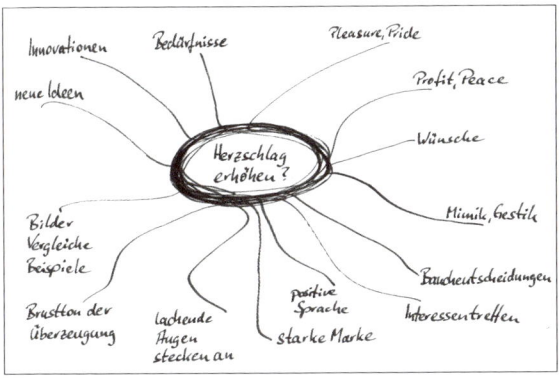

Wenn Sie einen Impuls bekommen, fangen Sie einfach an zu schreiben. Während des Schreibens können Sie Ihre Ideen strukturieren und in eine passende Reihenfolge bringen. Gerade bei der Gestaltung Ihres Elevator

Pitchs wird Ihnen diese Technik bei der Suche nach Unterscheidungsmerkmalen, Nutzen, Zielpersonen und vielem mehr helfen.

Wenn Sie auf einen Begriff stoßen, den Sie wiederum clustern wollen, schreiben Sie ihn auf einen neuen Zettel und machen Sie erst einmal mit der alten Aufgabe weiter.

3. Gestalten Sie Ihre Gedanken-Landkarte

Zu den beliebtesten Verfahren von Kommunikations-Profis gehören die sogenannten Mind Maps, mit denen Sie Ihre Ideen ganz einfach strukturieren und visualisieren können.

Die Methode ist ebenso einfach wie genial. Im Gegensatz zu herkömmlichen Notizen – aufgeschrieben von links oben nach rechts unten – werden die Gedanken gehirn-freundlich und bildhaft dargestellt. Mit Mind Maps werden Bilder geschaffen. Während wir uns in der Form der Liste nur wenige Einträge merken können, speichert das Gehirn ein Mind Map durch seine Form und Farben als Bild. So können Sie selbst nach einem halben Jahr Ihre eigenen Aufzeichnungen verstehen. Die Erinnerung kommt wieder, weil beim Anblick des Bildes Querverbindungen (von analoger zu digitaler Gehirnhälfte) im Gehirn aktiviert werden. Auch sparen Mind Maps wertvolle Zeit bei der Problemlösung allein durch ihre Konstruktionsmerkmale. Sie notieren sich nicht ganze Sätze, stattdessen ordnen Sie die Begriffe sinngemäß an und verbinden sie geschickt durch Linien (Äste). Dabei zeigt ein Mind Map anhand des Wachstums seiner Äste schnell, welche Ansätze stark oder schwach sind und wo deshalb gedanklich ein Nachholbedarf besteht. Anders als bei einer Liste oder Tabelle, die kaum Raum für Erweiterungen lässt, kann ein Mind Map durch seine Verästelung weiter organisch wachsen. Durch die Anwendung von Mind Maps wird das Gehirn produktiver und Ideen können übersichtlicher strukturiert werden.

Für die Anwendung am PC hat die Firma Mindjet ein Programm auf den Markt gebracht: den MindManager.

So einfach fangen Sie an:

Schreiben Sie das zentrale Thema Ihres Elevator Pitchs in die Mitte eines Blatts und machen Sie einen Kreis darum. Vielleicht fällt Ihnen sogar ein grafisches Symbol für dieses Thema ein. Die Gedanken, die Sie im Hinblick auf Ihren Pitch beschäftigen und die Sie verfolgen möchten, werden als Schlüsselbegriffe auf Linien geschrieben, die wie Straßen vom Zentrum wegführen. Auf diesen Straßen wandern Ihre Gedanken, verzweigen sich oder landen auch mal in einer Sackgasse. Immer wenn Ihnen zu einem bereits vorhandenen Wort etwas Neues einfällt, verbinden Sie beides miteinander. Mit Bildern und Farben können Sie Ihre Arbeit noch übersichtlicher und wirkungsvoller gestalten. Auf diese Weise entsteht eine Gedanken-Landkarte, die Ihnen hilft, neue Ideen zu entwickeln und gute Ansätze herauszufiltern.

Die Vorteile von Mind Maps:
- Ihre Kreativität wird gesteigert.
- Durch die anschauliche Darstellung können Sie Ihre Ziele schneller erreichen.
- Wissen kann effektiver verwaltet werden.
- Probleme werden effizienter gelöst.
- Ihre Konzentration erhöht sich.
- Sie werden Ideen spielerisch finden.
- Sie können Ihren Elevator Pitch besser strukturieren.
- Die Dramaturgie lässt sich übersichtlicher planen.

4. Kopfstandtechnik

Diese Technik können Sie ebenfalls allein oder in der Gruppe anwenden. Im Team sollten Sie ein Flipchart verwenden, einzeln genügt ein Blatt Papier. Der Trick dabei ist: Stellen Sie die Dinge doch auf den Kopf und betrachten Sie Ihr Problem einmal aus einem anderen Blickwinkel.

Sie behaupten also einfach das Gegenteil dessen, was Sie erreichen möchten und überlegen sich: Was kann alles passieren oder was muss ich tun, damit das Gegenteil eintrifft?

KOPFSTANDMETHODE

Was macht einen E.P. richtig schlecht?

- langwierige, technische Sachverhalte
- abstrakte, detailverliebte Sprache
- Fremdwörter für Fachleute
- regungsloser Körper
- fehlender Blickkontakt
- monotone, unsichere Stimme
- kein Nutzen erkennbar
- Idee mit anderen vergleichen
- schlecht von der Konkurrenz reden
- der Markt ist riesig und unbegrenzt
- ohne Ziel, keine Aufforderung
- nicht authentisch

Beispiel?
- Wenn Sie zufriedene Kunden haben wollen, fragen Sie sich: Wie gelingt es uns, unsere Kunden möglichst unzufrieden zu machen?
- Wenn Sie einen Elevator Pitch erstellen wollen, fragen Sie sich: Was muss ich tun, damit es ein richtig schlechter Elevator Pitch wird?

- Wenn Ihr Angebot besondere Unterscheidungs-merkmale aufweisen soll, können Sie sich fragen: Wie muss unsere Dienstleistung aussehen, damit sie möglichst austauschbar wird?

Und jetzt folgt der nächste wichtige Schritt: Sie polen die Antworten um. Schreiben Sie jeweils die gegenteiligen Antworten auf. Diese Betrachtungsweise hat schon vielen Menschen geholfen, neue Argumente oder Vorgehensweisen zu erkennen.

5. Dreiklangspiel

„Wenn ein Dreieck Tango tanzt." Sicher kennen Sie den Begriff Dreiklang aus der Musik. Damit wird eine Tonfolge bezeichnet, die wir als harmonisch empfinden. Auch auf dem Gebiet der Farbenlehre dient die Methode des Dreiklangspiels als Kreativitätstechnik. Aber Vorsicht! Dies ist eine neue und ungewöhnliche Methode. Zuerst wird Ihnen die Verbindung der dabei verwendeten einzelnen Teile unlogisch oder gar verrückt erscheinen. Denn es werden Teile und Bausteine kombiniert, die aus völlig verschiedenen Gebieten stammen. Stellen Sie Ihr Produkt oder Ihre Dienstleistung in einen völlig unrealistischen Zusammenhang mit zwei verschiedenen Komponenten: Eine Sache oder einen Gegenstand und eine Aktivität oder Handlung. Diese Methode eignet sich besonders dazu, schöne Vergleiche oder Bilder für Ihr Angebot zu finden.

Beispiele:

Wenn ein Auto eine moderne Plastik wäre, wie würde es dann tanzen?

Diese Fragen könnten Sie sich dann stellen:
Welche Plastik ist es, von welchem Künstler?
Was sind die typischen Merkmale der Fortbewegung?
Welchen Tanz würde die Plastik tanzen?
Welches Lied, welcher Rhythmus?

Das Dreiklang-Spiel

Wenn meine
Dienstleistung
eine Blume wäre,
welches Lied
würde sie dann singen?

Wenn eine Dienstleistung ein Schiff wäre, wie würde sie dann schmecken?
Wenn Ihr Angebot ein Tier wäre, wie würde es dann sprechen?

Wenn Sie das Dreiklangspiel spielen, wird es Ihnen genauso ergehen, wie bei jedem anderen Spiel: Es kommt Ihnen zuerst neu vor und Sie bewegen sich noch unsicher auf dem Spielfeld. Nach und nach, wenn Sie erste Erfahrungen gesammelt haben und es regelmäßig einsetzen wie Ihren Computer, erhalten Sie die Chance, weiter in die Tiefe zu gehen, den Spielverlauf zu variieren oder nach neu hinzukommenden Gesichtspunkten auszuloten. Sollten Sie in eine Sackgasse kommen, so fühlen Sie sich frei, die Spielregeln zu verändern oder auch die thematischen Rahmenbedingungen. Je leichter das Spiel, je unbeschwerter der Ablauf ist, desto schneller und effektiver werden Sie Ihr Ziel erreichen.

Zusammenfassung der Spielregeln:

Spielerisch Ideen finden

1. Sie sind der Spielleiter. Sie sind für Durchführung, Organisation und Struktur verantwortlich.
2. Sie bestimmen Zeit, Dauer und Häufigkeit der einzelnen Spielzüge. Sie dürfen selbst herausfinden, wie lange Sie brauchen.
3. Sie können die Spiele selbst programmieren und jederzeit den Ablauf verändern, einzelne Spielzüge miteinander kombinieren und neue hinzufügen.
4. Beobachten Sie bitte die Ernsthaftigkeit, wenn Kinder miteinander spielen. Jedes Spiel will ernstgenommen werden.
5. Die Spiele verlaufen ganzheitlich. Sie beziehen alle Sinneswahrnehmungen mit ein.
6. Führen Sie zuerst die Spiele allein durch. So werden sie echt und Sie können sie verinnerlichen. Vielleicht erreichen Sie sogar eine Bewusstseinserweiterung für sich selbst?

Hier noch einige Tipps für den Umgang mit neuen Ideen. Diese können Sie allein oder im Team berücksichtigen:

1. Quantität geht vor Qualität

Je mehr Ideen Sie finden, umso größer ist die Chance auf eine wertvolle Idee. Stoppen Sie den Ideenfluss nicht zu schnell. Geht Ihr schneller Ideenfluss dem Ende zu, so ist das ein Zeichen dafür, dass die naheliegenden Gedanken jetzt formuliert sind.

2. Alles ist erlaubt

Alle Lösungsideen – auch wenn sie noch so abenteuerlich, albern oder falsch erscheinen – dürfen genannt werden. Gerade die wilden Gedankenflüge enthalten oft wertvolle Anknüpfungspunkte.

3. Es gibt kein geistiges Eigentum

Jeder ausgesprochene Gedanke kann eine Anregung für andere sein. Ein Einfall kann die Grundlage für eine neue Assoziation bieten.

4. Ideensuche von der Filterung trennen

Kritik führt zur Ideenblockade. Bei der Ideensuche kritische Bemerkungen oder Gedanken vermeiden.

5. Den formalen Rahmen einhalten

Ein festgesteckter Rahmen ermöglicht es den Teilnehmern eher, diese Denkweise zu akzeptieren: „Alles geht." Halten Sie die Ideen schriftlich fest.

6. Killerphrasen sofort abblocken

Daraus wird nie was!
Wie sollen wir denn das machen?
Das haben wir schon mal probiert!
In unserer Firma geht das nicht!

Bringen Sie Ihr Gehirn in einen kreativitätsfördernden Zustand. Verwenden Sie Kreativitätstechniken, um auf neue, originelle oder witzige Ideen zu kommen. Lassen Sie die Ideen laufen. Die eine wichtige Idee braucht ihre Vorbereitung durch einige unwichtige oder nicht machbare Ideen. Killen Sie Killerphrasen.

3.6 Was bedeuten diese Ergebnisse für meinen Elevator Pitch?

Gehirngerechte Arten der Präsentation und die kreative Verpackung der eigenen Idee, des Produkts oder der Dienstleistung erfordern auch eine andere Art der Vorbereitung. Sie dürfen neue Wege gehen. Innovative Ideen können nur auf ungewöhnlichen Wegen dargestellt werden. Verwenden Sie die Informationen, Bilder und Ergebnisse, um Ihre Inhalte gehirngerecht zu vermitteln.

Sie haben sicher die eine oder andere witzige Idee bekommen. Sie hilft Ihnen, sich von anderen abzugrenzen und anders als die anderen zu sein. Durch Ihre Andersartigkeit fallen Sie auf und bleiben im Gedächtnis des Gesprächspartners. So erhöhen Sie Ihre Nachhaltigkeit.

Außergewöhnliche Bilder und Beispiele bleiben nicht nur in den Köpfen haften, Sie helfen Ihnen auch dabei, komplexe Zusammenhänge einfach darzustellen. Ihre Gesprächspartner werden es Ihnen danken. Schließlich ist es für Sie selber wesentlich einfacher, beispielsweise ein Bild einem anderen Menschen zu beschreiben, als einen komplexen oder abstrakten Vorgang. Das ist auch schon das beste Mittel gegen Blackouts. Weil Sie Bilder und Geschichten selber besser im Gehirn behalten, haben Sie auch noch den Überblick und wirken souveräner. Der rote Faden Ihrer Inszenierung kann sich so durch Ihren Elevator Pitch ziehen. Freuen Sie sich darauf.

Neue Arten der Verkaufspräsentation lassen auch neue Wege der Vorbereitung zu. Die Grundsätze des bildhaften Verkaufens wie z. B. Außergewöhnlichkeit werden sich auch auf Ihre Souveränität und Überzeugungskraft auswirken.

- *Erhöhen Sie den Herzschlag Ihres Gesprächspartners, indem Sie ihm sagen, was Zahlen, Daten und Fakten für ihn bedeuten und welche Wirkung sie auf ihn haben.*
- *Menschen entscheiden zu über 80 Prozent aus Bauch und Gefühl. Die restlichen 20 Prozent sind für die rationale Rechtfertigung notwendig.*
- *Indem Sie die Erfüllung der vier Grundbedürfnisse in Ihrem Elevator Pitch vereinen, erfüllen Sie die Wünsche Ihrer Zuhörer.*
- *Pride, Profit, Pleasure und Peace sind die Schlüssel für das Herz Ihres Kunden.*
- *Wenn Sie Informationen für die linke und die rechte Gehirnhälfte bereithalten, erhöhen Sie Ihren Aufmerksamkeitswert. Andere können sich Ihre Geschichte leichter merken.*
- *Ein Bild sagt mehr als 1000 Worte. Gute Ideen und Assoziationen bekommen Sie durch den spielerischen Einsatz von Kreativitätstechniken.*
- *Lassen Sie zuerst alle Ideen zu, bevor Sie filtern und auswählen.*
- *Außergewöhnliche Bilder bleiben in den Köpfen der Menschen hängen. Auf diese Weise können Sie bildhaft verkaufen.*

4. Die persönliche Wirkung

Bis jetzt haben Sie Zielpersonen identifiziert, Ihren Markt definiert und Ideen und Nutzen in Bilder verpackt. Da stellt sich die Frage: Was können Sie noch tun, um auf Ihren Gesprächspartner überzeugend zu wirken?

Sie als Mensch und Person müssen in Ihrer Kommunikation wirken.

> **Unsere Kommunikation passiert auf drei verschiedenen Wegen:**
> * Sie benutzen **Worte** für die Inhalte.
> * Sie transportieren Ihre Inhalte mittels der **Stimme**.
> * Sie werden glaubwürdig durch Ihre **Körpersprache**.

Der englische Psychologe Gordon hat sich die folgende Frage gestellt: Wie werden zwischen Menschen Gefühle und Einstellungen kommuniziert?

Denn das wollen Sie doch: Die Einstellung Ihres Gegenüber zu Ihrem Angebot verändern. In Untersuchungen hat er herausgefunden, dass über Worte nur 7 Prozent an Gefühlen und Meinungen übertragen wird. Ein Schock für alle, die durch gute Inhalte und Fachwörter überzeugen wollen. Durch einen guten Einsatz der Stimme können Sie 38 Prozent beeinflussen. Es bleiben also nur 55 Prozent für die Körpersprache übrig. Ich will jetzt nicht damit sagen, dass alle Ihre wertvollen Inhalte nichts wert sind. Im Gegenteil: Nur auf der Basis von guten Inhalten können Sie auch einen überzeugenden Elevator Pitch entwickeln. Aber die Überzeugung geht halt andere Wege als die Ihrer Worte.

4.1 Authentisch bleiben durch Zielorientierung

In den Trainings und Coachings habe ich regelmäßig die Erfahrung gemacht:

> Je klarer die Ziele für einen Menschen sind, umso klarer werden auch Worte, Stimme und Körpersprache.

Überprüfen Sie bitte jetzt noch mal Ihre Ziele hinsichtlich des Elevator Pitchs.

- Haben Sie eine klare Vorstellung von Ihrer Idee?
- Sind Ihre Zielunternehmen und Zielpersonen klar?
- Ist der Markt klar und klein genug?
- Was genau wollen Sie von Ihrem Gesprächspartner erreichen?
- Was kann der Gesprächspartner für Sie tun?
- Stimmt Ihre innere Einstellung und Ihre Überzeugung mit dem Gesagten überein?
- Was wird Ihre Idee bewirken?

Auszeit!
Hier ist jetzt die Zeit einer Auszeit gekommen. Bitte beantworten Sie die oben stehenden Fragen genau. Ein nickendes Darüber-Hinweg-Lesen ist an dieser Stelle zu wenig.

> Authentisch und damit überzeugend wirken Sie nur, wenn Ihre Ziele und Ihr Handeln deckungsgleich werden.

 Klare Ziele ermöglichen Ihnen eine klare Kommunikation auf allen Ebenen.

4.2 Die Inszenierung meiner Präsentation

Ein wirkungsvoller Elevator Pitch ist wie ein kleines Theaterstück. Er muss inszeniert werden. Sie werden hier zum Regisseur Ihres eigenen 30-Sekunden-Theaterstücks.

Ein Theaterstück wirkt nur dann vollkommen, wenn die Texte stimmen, die Betonungen und Melodik der Sprache richtig sind und die Bewegungen der Schauspieler authentisch, von innen heraus, kommen. Darum wird ein Stück auch lange vorher geprobt.

Genau das müssen Sie auch mit Ihrem Elevator Pitch machen: Inszenieren und proben.

Bauen Sie einen Spannungsbogen, der von Einleitung (wirkungsvoller Einstieg) über den Hauptteil (Nutzen und Unterscheidung) bis zum Schluss (Aufforderung) reicht. Achten Sie dabei auch auf den Rhythmus.

Spielen Sie ihn immer wieder mit anderen Menschen durch. Lassen Sie sich Feedback geben. Notfalls suchen Sie sich einen Coach, der Ihnen mittels seiner Erfahrung den Blick von Außen spiegelt.

Damit Ihr Elevator Pitch Bilder und Begehrlichkeiten in den Köpfen der Zuschauer entstehen lässt, muss er gut inszeniert und geprobt sein.

4.3 Der Einsatz von Körper, Händen und Augen

Setzen Sie Ihre Körpersprache gezielt ein: Sie muss das unterstreichen und herausheben, was Sie sagen. Oft werden wirklich gute Formulierungen durch körpersprachliche Signale kommentiert, die so ziemlich das Gegenteil aussagen. Gute Körpersprache lässt sich nur im Zusammenspiel zwischen Menschen üben. Ich gebe Ihnen einige Tipps und schärfe Ihre eigene Wahrnehmung. So bekommen Sie einige Anhaltspunkte und können sich in Ihren nächsten Elevator Pitchs selbst beobachten. Diese Art der Schärfung der eigenen Wahrnehmungsfilter setzt einen natürlichen Lernprozess in Gang. Lassen Sie uns eine kleine Reise entlang unseres Körpers machen. Fangen wir unten an:

Füße – der Stand
Stehen Sie möglichst gleichmäßig auf beiden Beinen. Gehören Sie auch zu den Tänzlern? Wissen Sie wie das auf andere wirkt? Stehen Sie Ihrem Gesprächspartner in angemessenem Abstand nicht unbedingt frontal gegenüber. Sehr elegant ist ein Winkel von ungefähr 60 Grad. Sie brauchen doch nicht gleich den Winkelmesser zu holen. Probieren Sie es einfach mit einigen Bekannten aus, wann und wie Sie und der jeweils andere sich wohlfühlen.

Beine – die Basis der Haltung
Lassen Sie die Knie leicht angewinkelt. Das ermöglicht Ihnen auch eine aufrechte Haltung, die nicht anstrengend wird.

Oberkörper und Schultern – der Resonanzboden
Von Ihrem Oberkörper gehen die Resonanzen sowohl
für Ihre Stimme, als auch für Ihre Gestik und sogar die
Mimik aus. Wenn es in Ihnen vor Nervosität oder
Anspannung tobt, drückt sich das sofort in diesen beiden Ebenen aus. Machen Sie notfalls eine Entspan-
nungsübung. Auch eine Atemübung gibt Ihnen Halt
und hilft zusätzlich Ihrer Stimmkraft. Benutzen Sie die
Bauchatmung bewusst. Ein kurzzeitiges Bewegen der
Schultern von oben nach unten zur richtigen Zeit kann
die Glaubwürdigkeit Ihrer Aussagen ruinieren.

Arme – der Motor der Botschaft
Wie wirken Arme, die hinter dem Rücken bleiben? Will
uns derjenige etwas verbergen?
Wie wirken Arme, die vorne verschränkt sind? Da ist
jemand sehr verschlossen oder gar abweisend.
Achten Sie auf eine offene Haltung der Arme und unter-
streichen Sie Ihre Aussagen. Immer wieder werden die
Arme bei deutlichen Aussagen von manchen Menschen
hängend von innen nach außen bewegt, so als wolle man
sich entschuldigen. Und bei Sätzen wie: „Für die
Anschubfinanzierung benötigen wir Euro 400.000,– .“
Kompetent, oder?

Die Hände – die Akzente
Die Hände setzen auf die Bewegung der Arme noch
kleine Akzente. Haben Sie die Hände zu Fäusten geballt
in der Hosentasche? Achten Sie einmal darauf, wie oft
Sie Ihre Hände unterhalb oder oberhalb Ihrer Hüfte
haben. Eine neutrale Haltung haben die Hände etwa in
Höhe der Hüfte. Nach oben wird die Wirkung aktiver.

Bekommt Ihr Gesprächspartner auch die Innenflächen Ihrer Hände zu sehen? Das wirkt offen und besagt: Ich bin ehrlich und habe keine Waffen in der Hand.

Das Gesicht – die Überzeugung

Sie wissen selber nur zu gut, wie ernste, bekümmerte oder aggressive Gesichter auf Sie wirken. Was kann dagegen ein Lächeln erreichen?

Die Augen – die Begeisterung

Wenn Sie in Ihrem Gesprächspartner einen Funken der Begeisterung wecken wollen, dann müssen Ihre Augen diese in sich tragen und leuchten. Haben Sie schon einmal das Funkeln in den Augen anderer Menschen gesehen, nachdem Sie mit ihnen gemeinsam eine Idee entwickelt haben? Dann wissen Sie, was ich meine. Achten Sie immer darauf, dass Sie die Menschen ansehen. Manchmal braucht man ein gewisses Maß an Disziplin, um sich auf den anderen zu konzentrieren. Kennen Sie auch die Menschen, die während des Gesprächs ihren Blick umherschweifen lassen?

Ein Tipp noch: Manchmal sehen Gesprächspartner fast abwesend in die Ferne, während sie sprechen. Das kann auch bedeuten: Ich denke gerade in der Zukunft und stelle mir vor, wie wir zusammenarbeiten können. Gönnen Sie ihm dann die Pause...

Sie überzeugen durch Ihre Wirkung und nicht durch Ihre Inhalte. Stellen Sie deshalb Ihre Körpersprache von Kopf bis Fuß darauf ein. Beobachten Sie sich selber, wie Sie wirken. Sprechen Sie auch mit den Augen.

4.4   Die Stimme – der Brustton der Überzeugung

Ihre klaren Ziele haben auch eine Auswirkung auf Ihre Stimme. Die Festigkeit und die Klarheit lässt erkennen, wie klar Ihre Ziele sind und wie Sie selber hinter Ihren Aussagen stehen. Menschen haben oft eine sehr empfindliche Antenne für solche Signale.
Selbst wenn Sie von einem Produkt nicht so überzeugt sind, muss das nicht heißen, dass Sie nicht dazu stehen können.
Wichtig ist dabei, dass Sie sich absolut sicher sein müssen: „Mein Angebot ist genau das Richtige für meine Kunden oder meine Zielperson". Dann klappt's auch mit dem Elevator Pitch.

Der Ton macht immer noch die Musik. Trainieren Sie deshalb Ihre Stimme und setzen Sie diese bewusst ein. Notfalls können Sie einen Wochenend-Schauspielkurs mit Stimmbildung absolvieren.
Unterschiedliche Betonungen haben leider auch unterschiedliche Bedeutungen. Nutzen Sie daher die Möglichkeiten, Ihre Stimme zu modulieren. Halten Sie Ihre Atmung im Bauch unten. Das erhöht die Resonanzen und wirkt stressreduzierend.

Hier sind die Gestaltungsmittel Ihrer Stimme:

Tonhöhe
Eine normale gesunde Stimme hat einen Umfang von zwei Oktaven. Sie können Ihre freien Tonhöhen dramaturgisch in Szene setzen.

Lautstärke

Der Wechsel von laut und leise wird Ihren Elevator Pitch abwechslungsreicher machen. Manchmal ist es besonders wirksam, wenn Sie eine wichtige Botschaft ganz leise, fast flüsternd verkünden. Nur passen muss es in einer bestimmten Situation.

Rhythmus

Üben Sie doch einmal den Wechsel von festen und freien Rhythmen. Proben Sie Ihre eigene Zeiteinteilung. Auch Pausen gehören dazu und erhöhen die Wirkung. Sie müssen nur den Mut haben, die Zeit des Schweigens auszuhalten.

Farbe

Klang und Ausdruck Ihrer Stimme bieten viele Möglichkeiten der Gestaltung. Warm, fordernd, tröstend, sachlich, motivierend, müde, ängstlich oder lustig sind nur wenige der vielen Aussagen, die Ihre Stimme transportieren kann.

Geschwindigkeit

Gerade die atemberaubende Schnelligkeit, mit der so mancher Elevator Pitch vorgetragen wird, raubt dem Gesprächspartner fast den Atem. Üben Sie, die Dynamik der Stimme zu beschleunigen und vor allem zu verlangsamen.

> Versuchen Sie immer etwas langsamer zu sprechen als Ihre innere Stimme es Ihnen sagt.

Meist leiden wir doch etwas unter Stress. In solchen

Situationen verändert sich unsere Wahrnehmung der Zeit und wir meinen, schneller werden zu müssen. Dabei wirkt das langsame Sprechen auf unsere Gesprächspartner ganz natürlich.

Nur eine gut modulierte Stimme bringt Ihre Aussagen glaubwürdig rüber. Der Brustton der Überzeugung gibt der jeweiligen Bedeutung die richtige Betonung.

4.5   Tipps für eine gute Sprache

Wenn ein Wissenschaftler meint, er kann sein Auditorium mit besonders exotischen Fremdwörtern seines Fachbereichs oder seiner Prozesse beeindrucken, so irrt er gewaltig. Die Kunst gerade des Elevator Pitchs ist es, seine Inhalte möglichst einfach zu vermitteln.

> Schließlich sind gerade Entscheider und Geldgeber nicht die Fachleute, sondern oft aus einer ganz anderen Abteilung.

Keine Sorge, Ihre Fachkompetenz wird in weiteren Gesprächen ermittelt werden. Spätestens dann werden Blender ausgesiebt. Wählen Sie Ihre Worte so, wie Sie sprechen und nicht wie Sie schreiben. Oft stellt es einem die Haare zu Berge, wenn das Publikum auswendig gelernte Pitchs ertragen muss. Das wirkt extrem wenig authentisch.

Hier sind für Sie die wichtigsten Grundsätze für eine verständliche Sprache:

1. Verwenden Sie kurze Wörter und kurze Sätze. Ein Satz sollte 15 bis 20 Wörter haben.
2. Drücken Sie sich mit einfachen Worten und verständlich aus. Wählen Sie Ihre Worte, wie sie sprechen. Nur etwas sorgfältiger.
3. Ein Satz sollte 8 Sekunden nicht überschreiten.
4. Gedanken werden nicht in Gedankenstrichen in einen Satz gestellt. Sie bekommen einen eigenen Satz.
5. Machen Sie aus Hauptwörtern Verben. Passivformen werden aktiv.
6. Kanzlei- oder Amtsdeutsch machen Ihren Vortrag trocken und langweilig.
7. Sprechen Sie immer von „wir" und „uns". „Man" interessiert sich eben viel mehr für „wir".
8. Bilder und Beispiele machen Ihre Rede lebendig und interessant.
9. Versuchen Sie die Verben an den Satzanfang zu bekommen.
10. Sprachmarotten wie „eigentlich", „vielleicht", „würde", „Ähhh", „sozusagen" oder „könnte" gehören auf den Sprachmüll.
11. Trennen Sie Wesentliches von Unwesentlichem. Weniger ist oft mehr.
12. Menschen wollen positive Dinge hören. So sind auch Ihre Wörter und Ihre Sprache.
13. Ersetzen Sie Fremdwörter und Abkürzungen durch verständliche Begriffe.
14. Humor und ein Augenzwinkern kommen bei den Menschen oft ganz gut an.
15. Wiederholen Sie Ihre wichtigste Aussage im Telegrammstil.

Sprechen ist mehr als nur Reden. Überzeugen beginnt schon mit der Wortwahl, durch die Sie Ihre Inhalte vermitteln wollen. Durch Ihre gute Rhetorik können Sie Informationen in Erlebnisse verzaubern.

- *93 Prozent Ihrer Überzeugungskraft gewinnen Sie durch Körpersprache und Stimme.*
- *Je klarer Ihre Ziele im Elevator Pitch sind, umso klarer werden Ihre Worte, Stimme und Körpersprache.*
- *Werden Sie zum Regisseur Ihres eigenen 30-Sekunden-Theaterstücks.*
- *Üben Sie Ihren Elevator Pitch solange bis er authentisch wirkt. Lassen Sie sich von anderen ein Feedback geben.*
- *Nutzen Sie die vielen Möglichkeiten einer guten Körpersprache. Sie müssen sich dabei aber nicht verstellen. Ihre Persönlichkeit darf so wirken, wie sie ist.*
- *Halten Sie Blickkontakt zu Ihrem Gesprächspartner. Begeisterung spiegelt sich auch in den Augen wider.*
- *Trainieren Sie Ihre Stimme. Setzen Sie die Möglichkeiten der Stimmmodulation ein.*
- *Sprechen Sie langsam.*
- *Entscheider sind oft nicht die Fachleute. Halten Sie Ihre Wortwahl einfach und für jeden verständlich.*

5. Goldene Regeln

Ein Buch lebt heutzutage von Checklisten. Auch das Erstellen eines Elevator Pitchs wird mit Hilfe einiger Listen erleichtert. Spätestens nach der Lektüre der folgenden Checklisten sollten Sie anfangen, Ihren Elevator Pitch zu formulieren. Nehmen Sie also ein Blatt Papier zur Hand und fangen Sie an zu schreiben. Machen Sie mehrere Versuche. Warum sollten Sie das Ganze mit der Hand machen? Lesen Sie doch noch mal in Kapitel 3.5 nach! Viel Spaß dabei!

5.1 Die 10 Erfolgsregeln für den überzeugenden Elevator Pitch

1. Seien Sie Zuhörerorientiert.
Achten Sie auf eine gute Zielgruppenansprache. Wer hört Ihrem Elevator Pitch zu? Was kann dessen Sichtweise und Kenntnisstand sein?

2. Beginnen Sie mit einem Interessen-Katalysator
Eine gute Frage, ein Bild, eine Geschichte, eine erstaunliche Information schafft Interesse. So gewinnen Sie die Aufmerksamkeit des Gegenübers.

3. Was ist der Grund, sich an Sie zu erinnern?
Ihr Gesprächspartner braucht einen Grund, sich an Sie zu erinnern. Worin unterscheiden Sie sich wesentlich?

4. Beschreiben Sie nicht die Idee, das Produkt, die Dienstleistung
Erzählen Sie Ihren Gesprächspartner kurz, was Ihr Angebot (Ihre Idee) für den Kunden oder den Investor

kann. Wie wird die Welt durch Ihre Idee bereichert? Beschreiben Sie Ihre Vision.

5. Verwenden Sie eine bildhafte Sprache

Abstrakte Formulierungen, verkürzte oder technische Sprache verwirrt/verunsichert Ihren Gesprächspartner.

6. Was ist die Problemlösung?

Welches wichtige Problem der Welt wird durch Ihr Angebot oder Ihre Idee gelöst? Welcher spezielle Markt kann damit bedient werden?

7. Was hat der andere davon?

Auch Ihr Gesprächspartner will einen Vorteil von seinem Engagement haben. Überlegen Sie, wie er erfolgreich werden kann.

8. Das Ende: Die Aufforderung zur Tat

Schließen Sie mit einer Aufforderung. Sagen Sie doch bitte deutlich, was Sie erreichen wollen.

9. Zeigen Sie Begeisterung

Wenn Sie Ihre Idee nicht mit der entsprechenden körpersprachlichen Begeisterung unterlegen, wird man wahrscheinlich nur müde lächeln – mitleidig.

10. Übung macht den Meister

Elevator Pitchs brauchen sorgfältige Vorbereitung und viel Übung. Manche Berater verbringen Wochen mit ihren Kunden, um ihnen zum perfekten Pitch zu verhelfen. Proben Sie auch unterschiedliche Betonungen und Stimmlagen.

*Noch einmal zur Zusammenfassung: Sammeln Sie
alle wichtigen Informationen und inszenieren Sie einen
Elevator Pitch nach der einzigen Maxime: Wie kann ich
den Herzschlag meines Gesprächspartners erhöhen?*

5.2 Checkliste Feinabstimmung

Hier noch einige Fragen, die Sie auch in Ihrem Elevator
Pitch beantworten könnten:

> Bei welchem Unternehmen möchte ich gerne arbeiten?
> Was ist unsere Vision?
> Welche Patente gibt es und bei wem liegen die Rechte?
> Wie setzt sich das Team zusammen?
> Welche Mentoren gibt es?
> Welche Business Angels sind im Gespräch?
> Welcher Fachbeirat wird gebildet?
> Welche Kooperationen wurden geschlossen?
> Welche Unterstützung wurde beantragt?
> Welche Partner sind involviert?
> Welche Referenzen haben Sie schon?
> Welche Aufträge liegen schon vor?
> Wer sind Sie selber und sind Sie dafür besonders
>   qualifiziert?
> Welche Wortspiele können auflockern?

*Ein Elevator Pitch ist kein Gebilde mit einer starren
Struktur. Ihre eigene Inszenierung verdient auch das
Abweichen von allgemein üblichen Gepflogenheiten.
Auch dürfen Sie alles ganz anders machen als ich es
Ihnen vorschlage. Nur begeistern muss es halt.*

5.3 Die ERFOLGS-Kontrolle

Die Bewertungsskala der ERFOLGS-Kontrolle lässt sich als Test für viele Kommunikationsvorhaben verwenden. Dieses Kontrollinstrument können Sie in verschiedenen Phasen des Entwurfs Ihres Elevator Pitchs anwenden. Sie können auch einzelne Ideen oder Bilder damit testen. So bekommen Sie immer wieder ein Feedback, ob Sie die richtige Richtung eingeschlagen haben. Vergleichen Sie mehrere Ideen miteinander und wählen Sie die Favoriten aus.

Warum sind die Buchstaben der ERFOLGS-Kontrolle wohl großgeschrieben? Richtig, Sie ahnen es schon. Die einzelnen Buchstaben stehen für die Anfangsbuchstaben der einzelnen Kriterien.

E = einfach
  Ist die Idee einfach, schnell und leicht zu verstehen?
  Wird sofort klar, was gemeint ist?
R = relevant
  Ist die Idee in emotionaler oder rationaler Hinsicht für den Gesprächspartner von Bedeutung?
  Bringt Sie in ihm etwas zum Klingen? (Herzschlag!)
F = freundlich
  Ist der Auftritt der Idee angenehm und sympathisch?
  Werden positive Wörter benutzt?
O = originell
  Bringt die Idee einen neuen Aspekt?
  Ist das Problem oder die Aufgabe ungewöhnlich gelöst?

L = leicht lesbar
> Stimmen Schriftart und Größe? Ist der Text lese-
> freundlich?
> Im Elevator Pitch: Leicht für das Gehirn zu „lesen".

G = glaubwürdig
> Ist die Idee glaubwürdig?
> Ist die Person authentisch und vertrauensvoll?

S = die Summe der erreichten Punkte für jede Idee.

Jetzt können Sie werten, indem Sie für jede Idee Punkte vergeben. Je nachdem wie viele Ideen Sie vergleichen, müssen Sie eine Punkteverteilung festlegen.

Eine Kontrollmethode für die Wirkung und Qualität Ihrer Ideen gibt Ihnen die Informationen aus dem Blickwinkel eines Beobachters, der nicht beteiligt ist.

- *Die 10 Erfolgsregeln geben Ihnen eine kurze Zusammenfassung über die wichtigsten Punkte.*
- *Zur Feinabstimmung Ihres eigenen Elevator Pitchs kann es notwendig sein, weitere Fragen und Informationen aufzunehmen.*
- *Ein Elevator Pitch ist keine starre Struktur, sondern eine Idee, die von Ihnen mit Leben gefüllt wird.*
- *Überprüfen Sie in verschiedenen Phasen Ihren Elevator Pitch durch einen Blick von außen. Dabei hilft ihnen ein Kontrolltool.*
- *Jetzt ist der Zeitpunkt gekommen: Formulieren Sie Ihren eigenen Elevator Pitch.*

6. Beispiele von Elevator Pitchs

In meinen Coachings und Workshops haben wir gemeinsam eine Vielzahl von Elevator Pitchs entwickelt. Hier will ich Ihnen einige Beispiele vorstellen. Sicher werden Sie als Mensch mit einer eigenen Meinung einige besser, andere weniger gut finden. Das hängt von Ihrem Wahrnehmungsfilter ab. Nehmen Sie einfach das mit, was Ihnen gefällt und entwickeln Sie diese Erkenntnisse für Ihre eigenen Power-Präsentationen weiter.

6.1   Die Powerfee

Sicher ist Ihnen diese Situation auch schon so passiert: Sie sitzen noch spät am Abend an Ihrem Schreibtisch und müssen für den nächsten Tag eine überzeugende Präsentation erstellen. Leider haben Sie fast keine Zeit und noch weniger Ideen. Doch plötzlich erscheint eine gute Fee vor Ihnen und erfüllt Ihnen den einen Wunsch: Eine tolle Präsentation für den nächsten Tag zu erstellen.

„Ja, diese Fee bin ich, Antonia Peter. Mein Unternehmen heißt PowerFee und ich helfe Ihnen dabei, Ihre Präsentationen in die richtige PowerPoint-Form zu bringen.
(Als weitere Kontaktfrage:) Welche Erfahrungen haben Sie denn beim Erstellen von Präsentationen gemacht?"

Na, werden mit diesem tollen und unerwarteten Angebot nicht viele Probleme gelöst und Leiden dauerhaft gelindert?

6.2 Die Fahrschule

Stellen Sie sich vor, Sie sind gerade 18 Jahre alt geworden und Sie bekommen ein tolles Auto geschenkt, vielleicht einen S-Klasse Mercedes. Aber: Sie haben noch keinen Führerschein und können das Auto nicht fahren.

Was können Sie tun? Sie könnten sich jemanden holen, der Sie mit dem Auto herumfährt oder Sie lernen das Fahren selber. Genauso verhält es sich heute mit modernen Internetauftritten. Es gibt sogenannte Content Management Systeme, mit denen Sie selber Ihren Internetauftritt gestalten und die Inhalte pflegen können. Damit Sie das machen können, bieten wir uns sozusagen als Fahrschule an. Wir richten Ihnen die notwendigen Komponenten ein und bringen Ihnen bei, wie Sie die S-Klasse der Internetauftritte selber fahren können. Dadurch sparen Sie eine Menge Geld und Zeit und sind in Zukunft nicht mehr von einer Agentur abhängig. Eine Probestunde können Sie bereits bei uns im Internet machen. Wir sind die Business Group Munich und ich bin Dirk Hahn.

Wollen Sie auch Fahrstunden für das Internet buchen?
http://typo3.bgm-gmbh.de

6.3 Das Triebwerk

„Hallo, ich habe mich gerade selbstständig gemacht. Was ich jetzt mache? Ich biete Zeitarbeit an. Und zwar Zeitarbeit auf einer anderen Ebene. (Pause)

Meine Aufgabe als Manager auf Zeit oder als Berater ist es, mich innerhalb einer festgesetzten Zeit überflüssig zu machen. Bis zu diesem Zeitpunkt biete ich meinen Kunden: Umsetzungspower für Projekte und das operative Geschäft!

Ich bin Andreas Lutz. Mein Unternehmen heißt TRIEB.WERK BUSINESS DEVELOPMENT.

Nach meinem Studium in Deutschland, Frankreich und Spanien habe ich zunächst 6 Jahre als Unternehmensberater im In- und Ausland gearbeitet. Die letzten 4 Jahre habe ich als Geschäftsführer erfolgreich ein Technologiezentrum aufgebaut und an europäischen Projekten mitgewirkt.

Aufgrund meiner bisherigen Tätigkeiten kann ich gerade in internationalen Projekten wertvolle Erfahrung einbringen. Meine Kunden haben dadurch den Vorteil, dass ich nicht nur die notwendigen Management-Skills beherrsche, sondern auch interkulturelle Erfahrungen und Sprachkenntnisse einbringe.

Welche internationalen Projekte laufen denn gerade in Ihrem Unternehmen?"

Einen Hansdampf in allen internationalen Projekten finden Sie unter: www.triebwerk-bd.de

6.4   Ich segle gerne

Von der Kunst, ein Unternehmen durch die raue See zu navigieren.

Segeln Sie gerne oder haben Sie schon einmal gesegelt? Stellen Sie sich vor, sie wollen an einer der schwersten

Regatten der Welt teilnehmen, dem America's Cup.
Was brauchen Sie alles dafür?

Sie brauchen eine Vision. Sie müssen Ressourcen und
Finanzen planen. Sie legen den Kurs fest. Und wenn der
Startschuss gefallen ist, müssen Sie laufend navigieren.
„Ich bin Angelika Jahn und habe ein Konzept für
maßgeschneiderte Unternehmenssteuerung entwickelt
und ihm einen Namen gegeben: Das Regatta-Konzept.
Und worum geht es in meinem Konzept? Wie kann man
ein Unternehmen durch die raue See des Wettbewerbs
steuern? Dafür liefere ich maßgeschneiderte Werk-
zeuge. Wie ein Lotse komme ich für eine bestimmte
Zeit auf das Unternehmensschiff und biete meine
Erfahrung von über 15 Jahren kaufmännischer Unternehmenssteuerung."

So bekommen Sie weitere Informationen über diese
segelbegeisterte Unternehmensberaterin: www.regatta-
konzept.de

6.5   Inspektor Columbo

„Kennen Sie schon die Columbo-Strategie?" (Pause)
„Sie wissen, was den Fernsehinspektor Columbo erfolgreich macht?" (Pause)
„Ich habe recherchiert und untersucht, was diesen sym-
pathischen Kommissar ausmacht. Es gibt 13 Erfolgsfaktoren, warum er so erfolgreich ist.
Das sind zum Beispiel seine Zielorientierung oder seine
Teamfähigkeit. Auch ist er für seine gute Fragetechnik
und seine Markenbildung bekannt. Und natürlich

für den Spruch: „Eine Frage hätte ich noch…" Kennen Sie den auch?

In meinem Buch „Die Columbo-Strategie" stelle ich diese 13 Faktoren vor und zeige auf, wie wir sie im Verkaufsgespräch umsetzen können. Ich selber bin Joachim Skambraks und helfe Unternehmen, durch Training und Coaching für eine professionelle Verkaufsgesprächsführung und Präsentation. Hier ist ein kleines PowerTool mit den 13 Erfolgsfaktoren von Columbo."
(Zu 90 % fragen mich meine Gesprächspartner, ob sie diese Karte auch behalten dürfen. Natürlich gerne, weil ja auf der Rückseite meine Kontaktdaten stehen…)
Welche Trainingsmaßnahmen planen Sie in nächster Zeit für sich oder Ihre Mitarbeiter?

Inspektor Columbo ist in Deutschland der beliebteste Fernsehkommissar, weitere Infos unter: www.columbo-strategie.de

6.6   Die Aussichtsplattform

Kennen Sie Ihre Kunden, Wettbewerber und Lieferanten? Kennen Sie Ihre Märkte und deren Regeln? Wissen Sie, womit Sie für den Kunden Wert schaffen? Für stichhaltige und durchdachte Geschäftsentscheidungen brauchen Unternehmen heute immer mehr Übersicht und Weitblick. Fundierte Fakten und klare Prioritäten unterstützen Ihren persönlichen Entscheidungsbedarf. Wir bauen Ihnen eine Aussichtsplattform: Für Sie analysieren wir weltweit heutige und zukünftige Märkte. Wir untersuchen Ihre Stärken und Potenziale. Und danach begleiten wir Sie in der Entscheidungsfindung und Umsetzung.

Zum Beispiel haben wir für den großen deutschen Heizungsbauer eine Kundenumfrage entwickelt und durchgeführt. Dabei ging es um eine Strategie für die Neueinführung einer Heizungssteuerung.

„Ich bin Tobias Kersig von Kersig & Company: shaping the competitive landscape.

Was unternehmen Sie in Ihrer Firma, um Ihren Kunden und Ihren Markt kennen zu lernen?"

Wer ebenfalls die Aussicht auf seinen Markt und seine Kunden genießen möchte: www.kersig.com

6.7 LOREMO – Ein Auto als eierlegende Wollmilchsau

Elevator Pitch vor einem Gremium arabischer Geldgeber:

Stellen Sie sich einmal vor: Sie als erdölförderndes Land bauen das sparsamste Auto der Welt. Wäre das nicht eine Meldung, die Sprengstoff in sich birgt?

„Unser Auto wird nur 1,5 Liter Benzin verbrauchen. Das wird möglich durch die Konstruktion eines komplett neuartigen Karosseriekonzepts. Das Auto wird nur 450 kg wiegen und bietet die größtmögliche Sicherheit. Durch das reduzierte Gewicht und das extravagante Design wird das Auto auch noch optimalen Fahrspaß mit moderner Eleganz verbinden. Das machen wir nicht aus purem Idealismus, sondern weil wir damit richtig Geld verdienen wollen. Und Sie möchten wir dazu einladen, mitzumachen."

Was meinen Sie, wie die Erdölbarone reagiert haben? Sicherlich wissen Sie, dass die arabischen Staaten zur Zeit viele Anstrengungen starten, ihre Region auf die Zeit nach dem Öl vorzubereiten. Ihre Gegenfrage lautete ganz einfach: „Können Sie das Auto auch in einer Rennversion bauen?"

Der zweite Elevator Pitch für dieses Auto:
Stellen Sie sich einen Sumo-Ringer und einen Leichtathleten vor. Wer von beiden braucht weniger Energie, um zu beschleunigen? Wer kann eine längere Strecke eher ausdauernd überwinden ohne zuviel Energie zu verbrauchen? Genau diesen Effekt können wir heute in der Konstruktion von Autos erkennen: Um 80 Kilo Mensch zu transportieren, werden Autos gebaut, die bis zu 2 Tonnen wiegen.
Unser Ziel ist folgendes: Wir bauen den Leichathleten unter den Autos, der alles hat, was ein Auto braucht:
• Maximale Sicherheit
• Futuristisches Design
• Optimaler Fahrspaß
Und das Wichtigste: Aufgrund eines völlig neuen Karosseriekonzepts wird das Auto so leicht und so aerodynamisch werden, dass es nur 1,5 Liter verbraucht. Wo bekommen Sie heute ein Auto, das lang wie die A-Klasse, breit wie ein Fiat und hoch wie ein Ferrari ist, für etwa 10.000,– Euro?

Eine kleine Anmerkung: Wir haben uns bereits mit den vier Bedürfnissen Pride, Profit, Pleasure und Peace beschäftigt. In diesem Elevator Pitch finden Sie alle Komponenten vertreten. Für jeden Menschen wird ein Köder ausgeworfen, an dem er anbeißen kann. Na – wenn das kein Erfolg wird. Das Auto ist keine Fantasie sondern Wirklichkeit und kommt 2006/2007 auf den Markt.

Weitere Informationen über dieses zukunftsweisende Auto, das es in einigen Jahren wirklich geben wird finden Sie unter: www.loremo.de

Folgende Fragen könnten Sie sich jetzt zu den aufgeführten Beispielen beantworten:

- *Welcher Elevator Pitch ist Ihnen am stärksten im Gedächtnis geblieben? Warum?*
- *Welche Nutzen haben Sie angesprochen?*
- *An welche Unterscheidungsmerkmale erinnern Sie sich?*
- *Welche Geschäftsidee ist für Sie persönlich am erfolgversprechendsten?*
- *Zu welchem Pitch möchten Sie mehr erfahren?*
- *Bei welchem Bild/welcher Idee hat sich Ihr Herzschlag beschleunigt?*

- *Wo werden Sie tatsächlich mehr Informationen erfragen?*
- *Was lernen Sie für den Aufbau Ihres eigenen Elevator Pitchs?*

Der Autor

Für Joachim Skambraks, Jahrgang 1963, ist es die schönste Herausforderung als Trainer und Coach mit Menschen zu arbeiten. Seine Kunden sind Unternehmer, Geschäftsführer, Vertriebler, Verkäufer und Existenzgründer.

Die Menschen und Unternehmen, mit denen Joachim Skambraks gearbeitet hat,
- führen ihre Verkaufsgespräche souveräner und professioneller.
- geben weniger Nachlässe und Rabatte.
- erfüllen die Wünsche ihrer Kunden.
- präsentieren sich und ihre Dienstleistungen oder Produkte überzeugend, eindrucksvoll und nachhaltig.

Seit 1999 ist der Autor Gründer und Geschäftsführer von InTu Training in München. InTu Training beschäftigt sich mit Natürlichen Lernprozessen und den Transfer in die Praxis zu allen Themen rund um den Kundenkontakt. Weitere Infos: www.intutraining.de. Er ist Autor von erfolgreichen Ratgeberbüchern wie „Die Columbo-Strategie", „Projektmarketing", „Die 18-Loch-Strategie" und „Präsentieren und Überzeugen".

InTu Training – Joachim Skambraks
www.intutraining.de, Fon 0 89/820 68 19
Mail: js@intutraining.de

Register

Weiterführende Literatur

- Birkenbihl, Vera F.: Das innere Archiv, Offenbach 2002
- Braem, Harald: Brainfloating, München, 1989
- Härter, Gitte / Öttl, Christine: Ich-Marketing, München 2002
- Seiffert, J. W.: Visualisieren – Präsentieren – Moderieren, Wiesbaden 1995
- Skambraks, Joachim: Die Columbo-Strategie, Frankfurt, 2001
- Skambraks, Joachim: Präsentieren und überzeugen, Wiesbaden, 2003
- Skambraks, Joachim: Projekt-Marketing, Offenbach 2002
- Zimmermann, Hans-Peter: Groß-Erfolg im Kleinbetrieb, München 1995

Zu diesem Themenkreis
sind bereits erschienen: